This Is Chemistry
这就是化学
WONDERFUL 奇妙的
CHEMICAL 化学
REACTIONS 反应
5

米莱童书 著/绘

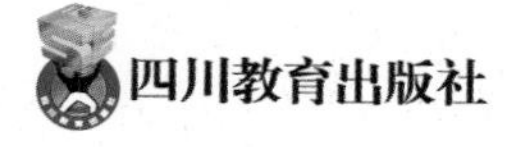
四川教育出版社

推荐序

非常高兴向各位家长和小朋友们推荐《这就是化学》科普丛书。这是一套有趣的化学漫画书，它不同于传统的化学教材，而是用孩子们乐于接受的漫画形式来普及化学知识。这套丛书通过生动的画面、有趣的故事，结合贴近日常生活的场景，深入浅出，寓教于乐，在轻松、愉悦的氛围中传授知识。这不仅能够帮助孩子初步认识化学，还能引导他们关注身边的化学现象，培养对化学的浓厚兴趣。

化学是一个美丽的学科。世界万物都是由化学元素组成的。化学有奇妙的反应，有惊人的力量，它看似平淡无奇，却在能源、材料、医药、信息、环境和生命科学等研究领域发挥着其他学科不可替代的作用。学习化学是一个神奇且充满乐趣的过程：你会发现这个世界每时每刻都在发生奇妙的化学变化，万事万物都离不开化学。世界上的各种变化不是杂乱无章的，而是有其内在的规律，都被各种化学反应式在背后“操控”。学习化学就像是“探案”，有实验室里见证奇迹的过程，也有对实验结果的演算分析。

化学所涉及的知识与我们的日常生活息息相关，化学变化和化学反应在我们的身边随处可见。在这套科普绘本里，作者用新颖的形式带领孩子探究隐藏在身边的“化学世界”：铁钉为什么会生锈？苹果是如何变成苹果醋的？蜡烛燃烧之后变成了什么？为什么洗洁精可以洗净油污？用什么东西可以除去水壶里的水垢？……这些探究真相的过程，可以培养孩子学习化学知识的兴趣，也是提高科学素养的过程。

愿孩子们能从这套书中收获化学知识，更能收获快乐！

中国科学院院士，高分子化学、物理化学专家 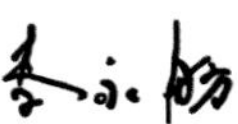

目录

什么是化学变化

我们来寻找身边的化学变化吧！
今天可真冷！现在我要暖和暖和，我们来生火烧水吧。

煤在燃烧，真暖和！燃烧是常见的化学变化之一。
化学变化一定会产生新的物质。
在这些燃烧产生的物质里，就有新生成的一氧化碳和二氧化碳。

如何判断发生的是不是**化学变化**呢？
有**新物质**生成，就是化学变化。

蜡烛燃烧就发生了化学变化。

质地和颜色发生了变化，说明有新物质生成。

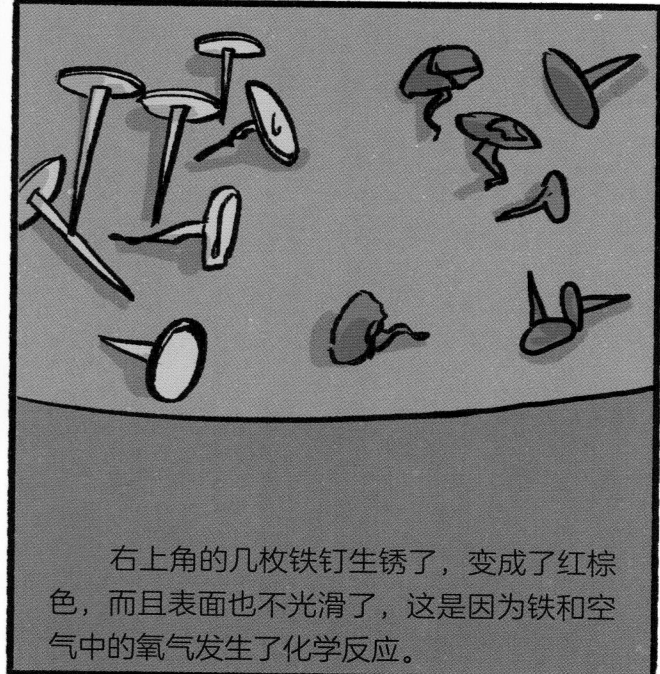
右上角的几枚铁钉生锈了，变成了红棕色，而且表面也不光滑了，这是因为铁和空气中的氧气发生了化学反应。

你意识到了吗？化学变化真的很常见。
你在吃东西的时候，体内也会发生一系列的化学变化，从而让身体获得营养。
植物也会利用太阳光，把水和二氧化碳做成“大餐”。
我们植物会利用**光合作用**获取能量。
在阳光的帮助下，我们可以把水和二氧化碳转化成生长所需的营养物质，同时释放氧气。
水
二氧化碳

人们可以通过吃东西来吸收能量，燃料燃烧可以释放能量，这些都是化学变化。

我们还可以在微生物的帮助下完成一些神奇的化学变化，比如制作酸奶。
在乳酸菌的帮助下，牛奶可以变成酸奶。

古人的智慧

中国的古诗词中有很多形容化学变化的诗句，让我们一起来找找看吧！

“野火烧不尽，春风吹又生。”
这句诗中就出现了燃烧现象。

“千锤万凿出深山，烈火焚烧若等闲。”精辟地道出了生产生石灰的过程。

“爆竹声中一岁除，春风送暖入屠苏。”
爆竹中的火药被引燃后发生**爆炸**，也是一种化学变化。

“石泉春酿酒，松火夜煎茶。”
铺 酒
人们会利用微生物，使葡萄糖变成酒精，这就是**酿酒**的过程。
酒
酒
酒
酒
总而言之，古诗词中包含了很多化学变化呢！

物质的化学性质

这些物品中含有**腐蚀性**物质，
很多东西接触到它们都会损坏。
接触和使用它们时要
格外小心，千万不能
碰到皮肤和眼睛！
消毒液
84
洁厕灵
标本
酸溶液
浓硫酸
生石灰

元素合体（化合反应）

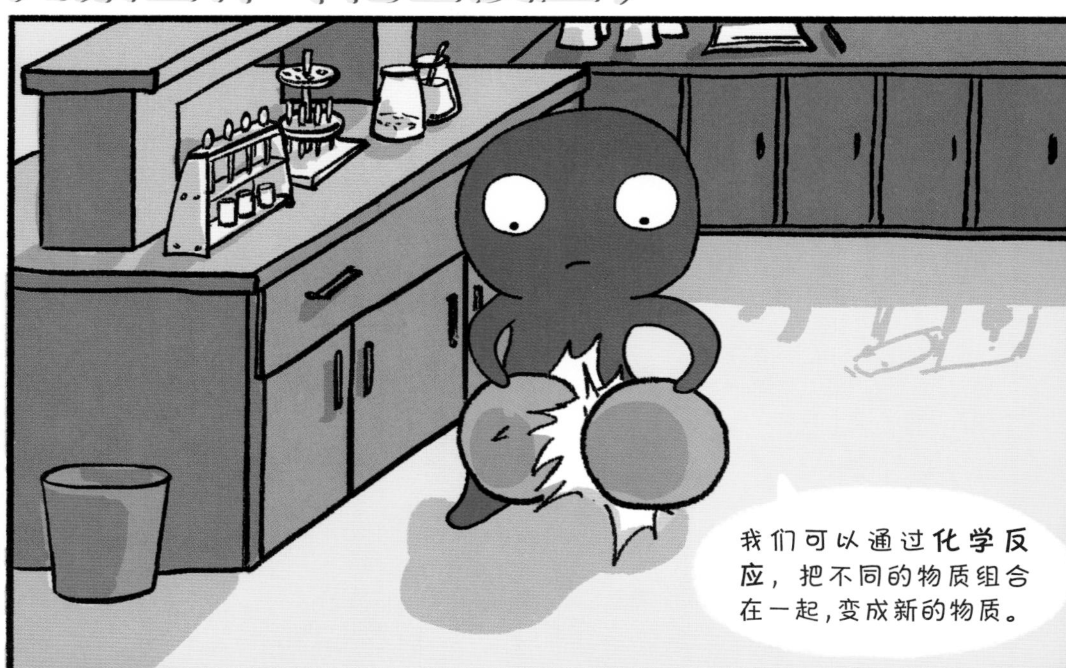

我们可以通过**化学反应**，把不同的物质组合在一起，变成新的物质。

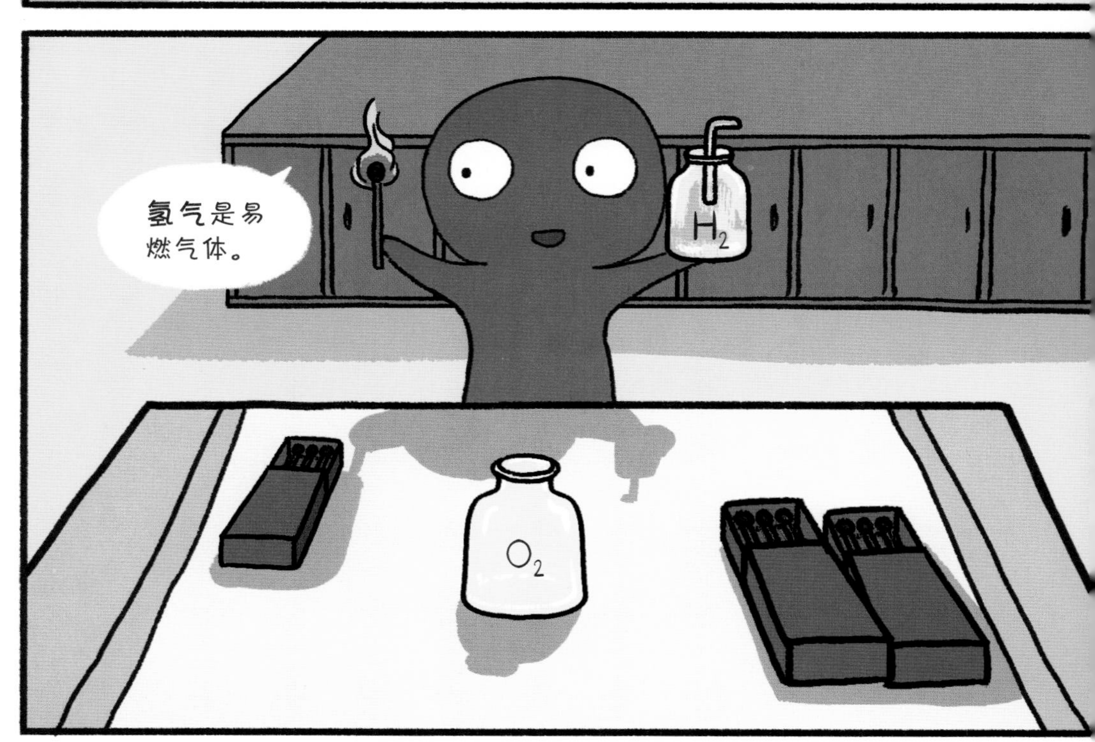

氢气是易燃气体。
H2
O2

氢气被点燃以后，会和氧气发生化学反应，生成水。
H_2
O_2
O_2
O_2
O_2
H_2O
H_2O
两种物质反应，生成一种新的物质，这种化学反应就叫**化合反应**。

分身有术（分解反应）

我们也可以通过一些手段，使一种物质变成两种或两种以上其他的物质。
水分子
比如把水重新变为氢气和氧气。

off on
我们需要使用一些设备。
水通电生成氢气和氧气。

带负电的氢氧根离子在与正极相连的一极变成氧气。
带正电的氢离子在与负极相连的一极变成氢气。
与负极相连
与正极相连
O_2
H_2
水在直流电的作用下，能分解成氢气和氧气。这个化学反应就是分解反应。
OH^-
H^+

分子绑架案（置换反应）

你们快闪开，我是不可能放他走的！
救命啊！我在里面！
这里发生了一起绑架案，我们要把小铜人从硫酸铜那里救出来。

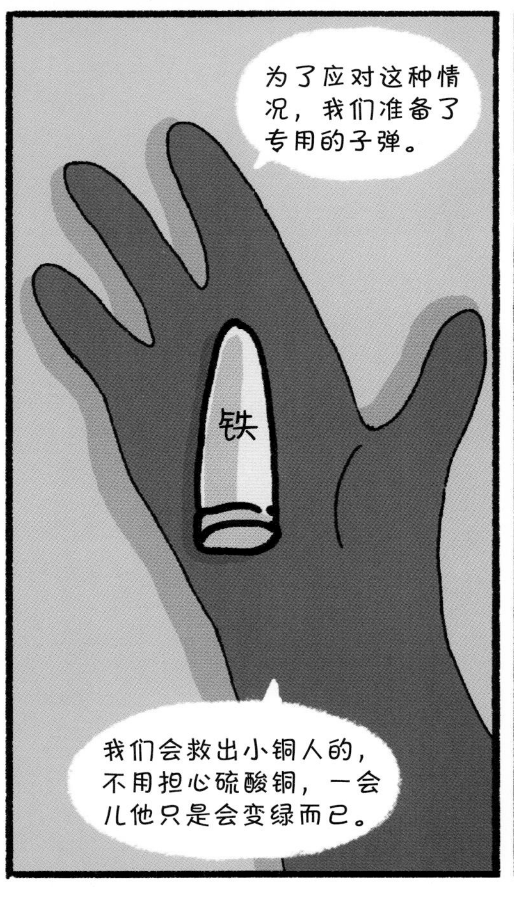

为了应对这种情况，我们准备了专用的子弹。
铁
我们会救出小铜人的，不用担心硫酸铜，一会儿他只是会变绿而已。

砰
完蛋了，他们有专门对付我的武器！
砰
砰

CuSO4
铁子弹真可怕！
小铜人被我们救出来了。
我们的铁子弹打到了硫酸铜上，发生了置换反应，铁就把铜置换出来了。
铁
铜被铁置换出来后，蓝色的硫酸铜溶液会变成浅绿色的硫酸亚铁溶液。

一起来跳舞（复分解反应）

Cl^-
Cl^-
Ca^{2+}
Na^+
Na^+
CO_3^{2-}
在这个舞池中，大家可以尽情地跳舞！
在这场舞会上，原本的舞伴会组成新的组合。

Cl^-
Na^+
Cl^-
Na^+
Ca^{2+}
CO_3^{2-}
舞会开始了！

Na^+
Cl^-
Na^+
Cl^-
Ca^{2+}
CO_3^{2-}
新的组合产生了！
这就是复分解反应。

两种化合物发生反应，生成了两种新的化合物。
Na^+
CO_3^{2-}
Na^+
Cl^-
Ca^{2+}
Cl^-
复分解反应
CO_3^{2-}
Ca^{2+}
Cl^-
Na^+
Cl^-
Na^+
太奇妙了！

苹果醋工厂

$C_6H_{12}O_6$
这就是苹果汁里的葡萄糖。
接下来，洗干净的苹果会被榨成汁。
苹果汁里面含有糖分，这是制作苹果醋的关键。

这个罐子中有不计其数的**酵母菌**。
苹果汁在这个罐子里会发生化学反应，让我们离近了看看。
发酵罐
发酵罐

酵母菌会把葡萄糖分解成二氧化碳和酒精。现在，苹果汁里的葡萄糖就会变成酒精了！
葡萄糖
$C_6H_{12}O_6$
二氧化碳

嗨，我们就是酵母菌，是发酵中最常用的微生物。

氧气瓶
在这个罐子里，醋酸菌
可以把酒精变成醋酸。
嗨，我就是醋酸菌，
酿醋少不了我的帮助。

O2
醋酸菌利用氧气，
把酒精变成醋酸。
生产车间
调配之后再进行
杀菌，这样就酿成
了好喝的苹果醋。

各种各样的化学反应

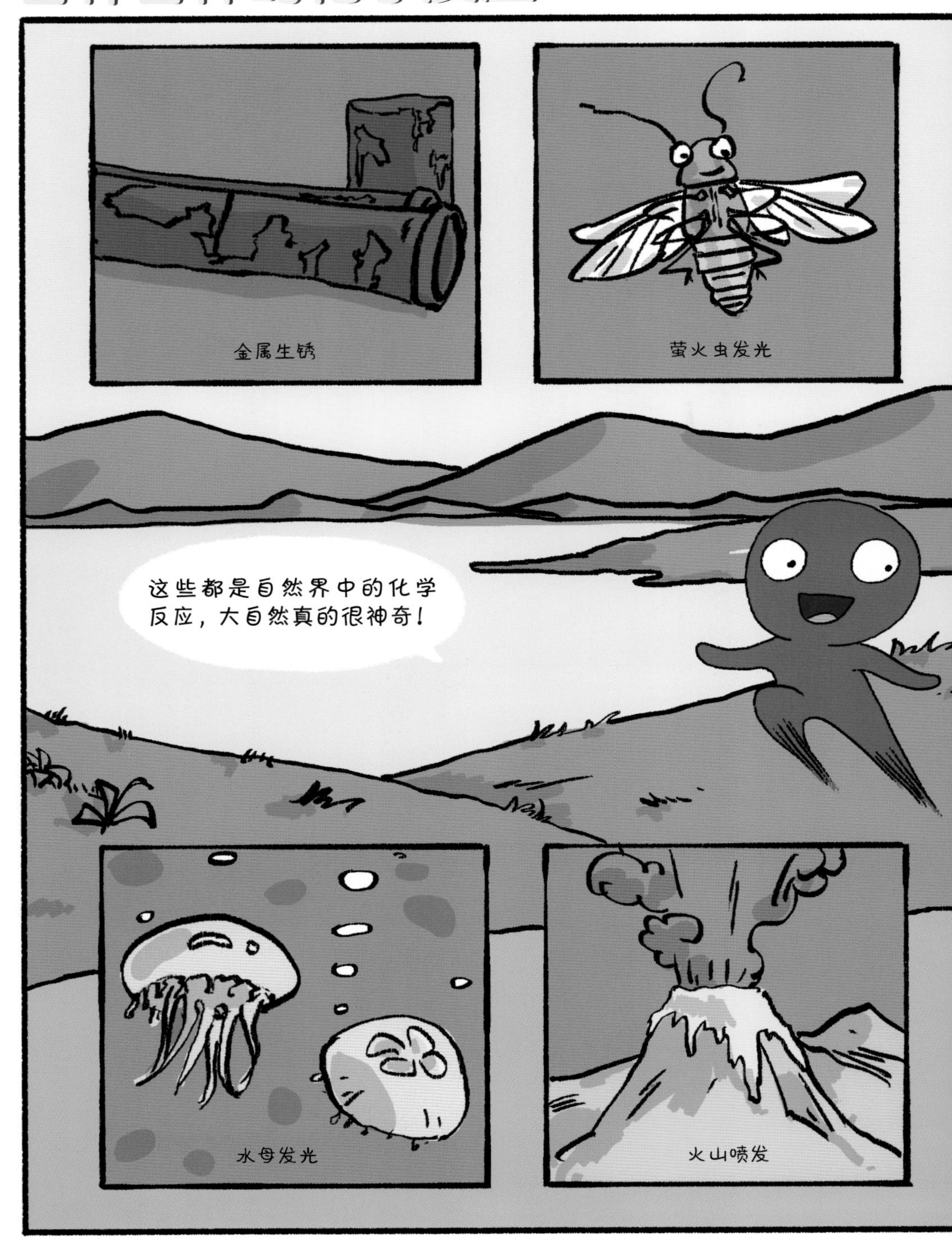
金属生锈
萤火虫发光
这些都是自然界中的化学反应，大自然真的很神奇！
水母发光
火山喷发

古法炼铁
用风箱给炼铁炉输送氧气，帮助焦炭燃烧。
把铁矿石和焦炭放入炼铁炉。铁矿石被炼成含有杂质的铁水。
在铁水中撒入石灰石，让里面的杂质凝固。
捞出杂质就得到了纯净的铁水。

神奇的烟花
填土
烟花的制作离不开火药。火药是我国的四大发明之一，发明距今已有一千多年的历史。
装火药
卷炮筒
包外纸

火药被点燃后会发生剧烈的爆炸。它的用处有很多，但烟花才是火药最漂亮的样子！

美丽的陶瓷
陶瓷是以黏土等天然硅酸盐为原料，经过多道工序制作成的器物。
配料
成型
干燥
焙烧

黏土在火中会发生化学变化，陶瓷烧好后会变得光滑、有光泽。
烧前
烧后

质量守恒定律

化学反应虽然会生成新物质，但参加反应的各物质的质量总和，等于反应后生成的各物质的质量总和，这就是**质量守恒定律**。

这个实验可以很好地展现质量守恒定律。天平的左边是硫酸铜溶液和铁钉，它们的总质量等于一大一小两个砝码的质量之和。

现在，我们把铁钉放到硫酸铜溶液里。
铁钉
硫酸铜溶液

铁钉会和硫酸铜溶液发生化学反应，生成铜和硫酸亚铁。
硫酸亚铁溶液
铜

新生成的铜和硫酸亚铁溶液的总质量，同样等于一大一小两个砝码的质量之和。

蜡烛燃烧也是化学反应，可蜡烛燃烧之后会变短，质量也下降了，是不是不符合质量守恒定律呢？
火柴
CO_2
H_2O
CO_2
O_2
O_2
CO_2
其实，蜡烛燃烧会消耗氧气，生成二氧化碳和水。电子秤只称出了蜡烛的质量，而参与反应的氧气、产生的二氧化碳和水蒸气的质量都没有被计算进去。
如果我们把所有参加反应和生成的物质都计算在内，蜡烛燃烧的反应也是符合质量守恒定律的。

总结

古人的智慧
福
酒
液化
石油气
物质的化学性质
分解反应

质量守恒定律
铁
置换反应

总结就到这里吧！
发酵
复分解反应
Cl⁻
Na⁺
CO₃²⁻
Ca²⁺

思考

这些物质都有哪些化学性质？
H^+
O_2
O_2
氧气
H_2O
盐酸
Cl^-
木材
C
煤炭

问答收纳盒

什么是化学变化？	化学变化是指有新物质生成的变化，又叫化学反应。
什么是物质的化学性质？	化学性质是指物质在化学变化中表现出来的性质。
什么是化合反应？	化合反应是由两种或两种以上的物质生成另一种物质的反应。
什么是分解反应？	分解反应是一种化合物分解成两种或两种以上其他物质的反应。
什么是置换反应？	置换反应是一种单质与一种化合物反应生成另外一种单质和另外一种化合物的反应。
什么是复分解反应？	复分解反应是两种化合物互相交换成分，生成另外两种化合物的反应。
什么是发酵？	发酵是利用微生物生产新物质的过程。
什么是质量守恒定律？	质量守恒定律是指在化学反应前后，参加反应的各物质的质量总和，等于反应后生成的各物质的质量总和。

思考题答案

36 页　木炭燃烧。

37 页　氧气：具有氧化性和助燃性；盐酸：具有腐蚀性；木材：具有可燃性；煤炭：具有可燃性。

作者团队

米莱童书

米莱童书是由国内多位资深童书编辑、插画家组成的原创童书研发平台，2019“中国好书”大奖得主、桂冠童书得主、中国出版“原动力”大奖得主。是中国新闻出版业科技与标准重点实验室（跨领域综合方向）授牌中国青少年科普内容研发与推广基地，曾多次获得省部级嘉奖和国家级动漫产品大奖荣誉。团队致力于对传统童书阅读进行内容与形式的升级迭代，开发一流原创童书作品，使其更加适应当代中国家庭的阅读需求与学习需求。

专家团队

李永舫　中国科学院院士，高分子化学、物理化学专家　作序推荐

张　维　中科院理化技术研究所研究员，抗菌材料检测中心主任　审读推荐

亓玉田　北京市化学高级教师、省级优秀教师、北京市青少年科技创新学院核心教师　知识脚本创作

创作组成员

特约策划：刘润东

统筹编辑：于雅致 陈一丁

绘画组：辛颖 孙振刚 鲁倩纯 徐烨 杨琪 霍霜霞

美术设计：刘雅宁 董倩倩

图书在版编目（CIP）数据

这就是化学. 5, 奇妙的化学反应 / 米莱童书著绘
. -- 成都 : 四川教育出版社, 2020.9（2021.12重印）
ISBN 978-7-5408-7397-4

Ⅰ. ①这… Ⅱ. ①米… Ⅲ. ①化学—儿童读物 Ⅳ.
① 06-49

中国版本图书馆CIP数据核字(2020)第141710号

这就是化学　奇妙的化学反应

ZHE JIUSHI HUAXUE QIMIAO DE HUAXUE FANYING

米莱童书 著/绘

出品人　雷　华
策划人　何　杨
责任编辑　吴贵启　林蓓蓓
封面设计　刘　鹏
版式设计　米莱童书
责任校对　王　丹
责任印制　高　怡
出版发行　四川教育出版社
地　　址　四川省成都市黄荆路 13 号
邮政编码　610225
网　　址　www.chuanjiaoshe.com
制　　作　易书科技（北京）有限公司
印　　刷　河北环京美印刷有限公司
版　　次　2020 年 9 月第 1 版
印　　次　2021 年12月第11次印刷
成品规格　170mm×235mm
印　　张　2.5
书　　号　ISBN 978-7-5408-7397-4
定　　价　200.00 元（全 8 册）

如发现质量问题，请与本社联系。总编室电话：（028）86259381
北京分社营销电话：（010）67692165　北京分社编辑中心电话：（010）67692156